中国动物卫生状况报告

ANIMAL HEALTH IN CHINA

2010

农业部兽医局

Bureau of Veterinary, Ministry of Agriculture, P. R. China

中 国 农 业 出 版 社

图书在版编目（CIP）数据

中国动物卫生状况报告. 2010 / 农业部兽医局组编.
-- 北京 : 中国农业出版社, 2011.5
ISBN 978-7-109-15668-5

Ⅰ. ①中… Ⅱ. ①农… Ⅲ. ①动物疾病－卫生防疫－研究报告－中国－2010 Ⅳ. ①S851.3

中国版本图书馆CIP数据核字(2011)第082808号

中国农业出版社出版
（北京市朝阳区农展馆北路2号）
（邮政编码100125）
责任编辑　林珠英　黄向阳

中国农业出版社印刷厂印刷　　新华书店北京发行所发行
2011年8月第1版　　2011年8月北京第1次印刷

开本：889mm×1194mm 1/16　　印张：3.75
字数：80 千字
定价：60.00元

前 言

PREFACE

2010年，面对国内外动物卫生形势复杂多变，自然灾害多发频发等一系列严峻挑战，中国各级兽医部门在各级政府的坚强领导下，以科学发展观为指导，紧紧围绕“努力确保不发生区域性重大动物疫情、努力确保不发生重大农产品质量安全事件”的目标任务，迎难而上、扎实工作，一手抓法律制度和机构队伍管理等长效机制建设，一手抓突发事件应急处置，有力地保障了养殖业生产、兽医公共卫生安全。

一年来，我们经受住了考验，取得了显著的工作成效：

一是重大动物疫情保持总体稳定，确保了养殖业生产和兽医公共卫生安全。各级兽医部门，坚持预防为主方针，根据国家重大动物疫病控制计划，严格落实免疫、扑杀、监测、流行病学调查、检疫监管等综合防控措施，科学开展防控工作，有效防止了禽流感、亚洲I型口蹄疫疫情的发生，迅速扑灭了新传入的缅甸98谱系口蹄疫疫情。在青海玉树地震、甘肃舟曲特大泥石流、一些省份发生洪水等重大自然灾害后，及时有效组织开展动物防疫工作，保证“大灾之后无大疫”。这些重大动物疫病防控工作的有效开展，极大降低了畜牧业生产损失，有力地保障了动物产品供给和公共卫生安全。

二是动物产品质量安全监管水平显著提升，确保了动物产品消费安全。各级兽医部门以高度的政治责任感，扎实开展动物卫生监督工作，严格把好产地检疫、屠宰检疫、流通环节监管“三道关”，不断强化兽药残留抽检工作力度，实现了全年不发生重大动物产品质量安全事件的工作目标，为保障上海世博会和广州亚运会动物产品质量安全奠定了坚实基础。

三是全国首次执业兽医资格考试成功举办，新型兽医制度建设迈出新步伐。2010年，农业部成功组织第一次全国性执业兽医资格考试，这不仅是农业系统组织的第一个全国性职业考试，也是中国推进新型兽医管理制度建设的一次积极探索。执业兽医资格考试工作在全国范围展开，标志着中国新型兽医制度建设迈出新步伐，对提高兽医从业人员知识、技能水平和职业操守，深化兽医管理体制改革，健全兽医人才队伍体系将产生深远影响。

四是国际认可的无规定马属动物疫病区在广州建成，为保障亚运会马术比赛成功举办奠定了坚实基础。实行动物疫病区域化管理

是国际上分区域、分病种控制动物疫病的有效措施。2010年，中国无规定动物疫病区建设取得新进展。5月，欧盟发布决议，认可广州从化无规定马属动物疫病区，可向欧盟永久出口马匹，成为中国第一个获得国际认可的无疫区。该无疫区的建成，实现了我国无规定动物疫病区国际认证零的突破，对成功举办亚运会马术比赛起到了决定性作用。

回顾2010年，中国兽医工作取得的成绩令人振奋，积累的经验弥足珍贵。展望未来，中国兽医工作者仍将面临很多挑战。我坚信，全国各级兽医工作者将砥砺奋进、锐意进取，牢牢把握发展机遇，努力破解制约兽医事业发展的难题；坚持统筹兼顾，协调推进兽医工作法律、制度、机制建设；始终遵循动物疫病防控科学规律，加快科技创新和管理创新，不断提高动物疫病防控水平；依法履行兽医事务管理和公共服务职能，努力提高动物卫生水平，为保障养殖业生产和兽医公共卫生安全做出应有的贡献。

农业部兽医局局长 张仲秋

目　录
CONTENTS

第一章　兽医机构和队伍

为了促进养殖业健康发展，维护兽医公共卫生安全，中国政府不断完善兽医管理体制，初步建立了机构健全、制度完善、职责明确、运转高效的兽医管理体制和运行机制。

一、兽医机构和组织

（一）兽医行政管理部门

农业部是全国兽医行政管理部门，负责组织监督国内动物防疫检疫工作，发布疫情并组织扑灭；组织兽医医政、兽药药政药检工作；负责执业兽医的管理。国家在农业部设立国家首席兽医官。农业部设立兽医局，具体负责全国兽医行政管理事务。兽医局内设综合处、医政处、科技与国际合作处、防疫处、检疫监督处和药政药械处等6个处室。

全国各省、市、县均设有兽医行政主管部门，负责辖区内的动物防疫、检疫、兽药管理和残留控制等兽医行政管理工作。截至2010年年底，全国省、市、县三级兽医行政管理机构约有3.4万名工作人员。

（二）动物卫生监督机构

全国境内动物及动物产品

检疫等兽医行政执法工作由省、市、县三级动物卫生监督机构负责。截至2010年年底，全国省、市、县三级动物卫生监督机构（含县级派出机构）总人数为158 050人（图1-1）。

（三）兽医技术支持机构

1. 国家级兽医技术支持机构和实验室 国家级兽医技术支持机构主要包括：中国动物疫病预防控制中心、中国兽医药品监察所和中国动物卫生与流行病学中心等3个农业部直属事业单位；禽流感、口蹄疫和牛海绵状脑病等3个国家兽医参考实验室；猪瘟、新城疫、牛瘟和牛传染性胸膜肺炎等4个国家重点诊断实验室（表1-1）。

2. 地方动物疫病预防控制机构 目前，全国各省、市、县均设立了动物疫病预防控制机构，承担动物疫病的监测、检测、诊断、流行病学调查、疫情报告以及其他预防、控制等技术工作。

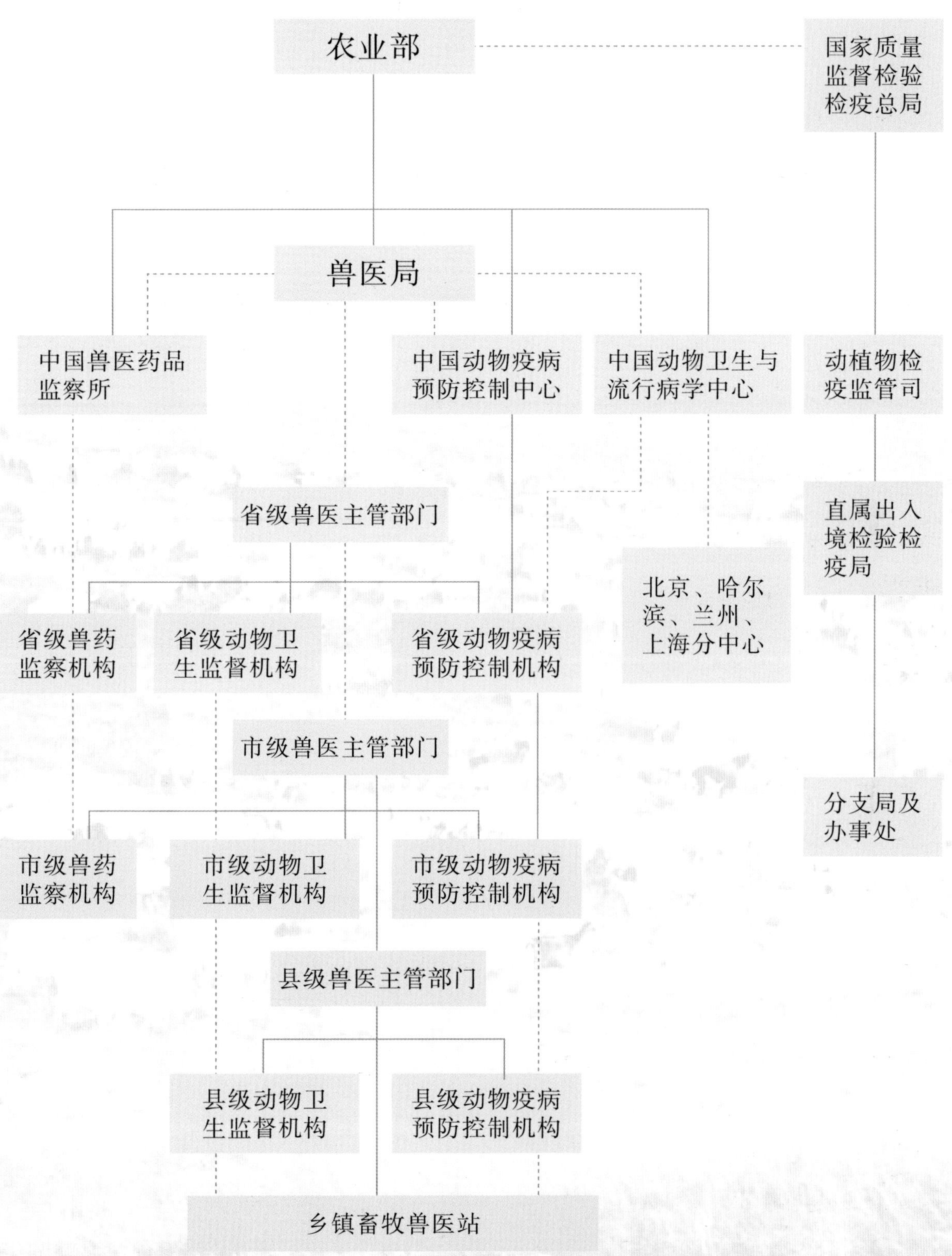

图1-1　中国兽医体系结构图

（注：实线表示隶属关系或领导关系；虚线表示业务关系）

表1-1 兽医技术支持机构和实验室

类 别	有关机构和实验室	主要职责
国家级兽医技术支持机构	中国动物疫病预防控制中心	承担全国动物疫情分析、处理，重大动物疫病防控，畜禽产品质量安全检测和全国动物卫生监督等工作
	中国动物卫生与流行病学中心	承担重大动物疫病流行病学调查、诊断、监测，动物卫生评估和动物及动物产品卫生质量监督检验，动物卫生法规标准和外来动物疫病防控技术研究和储备等工作
	中国兽医药品监察所（农业部兽药评审中心）	承担兽药评审，兽药、兽医器械质量监督、检验和兽药残留监控、菌（毒）种保藏，以及兽药国家标准的制修订、标准品和对照品制备标定等工作
国家级兽医实验室	禽流感、口蹄疫和疯牛病等国家参考实验室	分别承担禽流感、口蹄疫和疯牛病的确诊，以及诊断技术等基础研究工作
	猪瘟、新城疫、牛瘟、牛传染性胸膜肺炎等国家兽医诊断实验室	承担相关疫病的诊断及基础研究工作
地方兽医技术支持机构	省、市、县三级动物疫病预防控制中心	承担辖区内动物疫病的预防、控制和扑灭等工作
	省、市级兽药监察所	承担辖区内兽药的监督管理等工作
	乡镇畜牧兽医站	承担动物防疫、检疫和公益性技术推广服务等工作
	动物疫情测报站和边境动物疫情监测站	负责动物疫情的监测、报告等工作

截至2010年年底，全国省、市、县三级动物疫病预防控制机构人员共计约3.7万人。

3. 基层兽医服务体系 由乡镇畜牧兽医站和村级防疫员队伍构成。乡镇畜牧兽医站承担动物防疫和公益性技术推广服务等职能，共有工作人员约15万人；村级防疫员共有64.5万人，承担免疫注射、畜禽标识加挂、免疫档案建立和动物疫情报告等工作。

4. 国家动物疫情测报站和国家边境动物疫情监测站 国家动物疫情测报站主要承担农业部和所在省级兽医主管部门下达的动物疫情监测和流行病学调查等任务；国家边境动物疫情监测站主要承担边境区域内相关动物疫情监测和流行病学调查等任务。农业部在全国设立了304个国家动物疫情测报站，在边境地区设立了146个国家边境动物疫情监测站（图1-2）。

（四）出入境检验检疫机构

出入境动物及动物产品的检

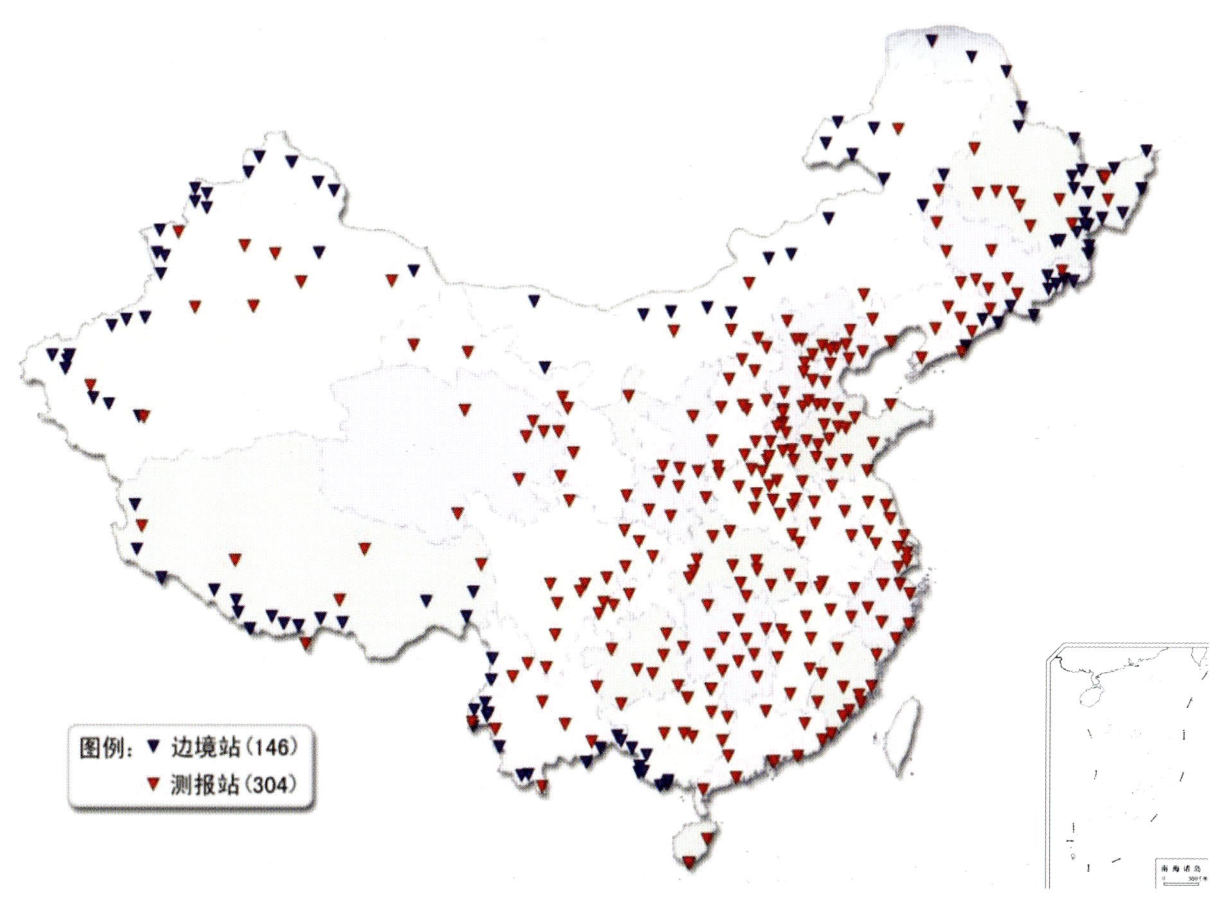

图1-2　国家边境动物疫情监测站和国家动物疫情测报站分布图

验检疫监督管理工作由国家质量监督检验检疫总局负责。国家质量监督检验检疫总局对出入境检验检疫机构实施垂直管理，在全国各省（自治区、直辖市）和主要口岸设有35个直属出入境检验检疫局，在海陆空口岸和货物集散地设有近300个分支局和200多个办事处，共有检验检疫人员3万余人。

（五）专业技术委员会、协会、学会

中国设立了全国动物防疫专家委员会、全国动物卫生风险

评估专家委员会、全国动物防疫标准化技术委员会等技术支持组织，以及中国兽医协会、中国畜牧兽医学会和中国兽药协会等非政府组织。

全国动物防疫专家委员会为国家动物疫病防控提供决策咨询和技术支持。

全国动物卫生风险评估专家委员会依法开展动物卫生风险评估，为动物卫生风险管理提供决策咨询和技术支持。

全国动物防疫标准化技术委员会主要从事全国动物防疫标准化工作。

中国兽医协会主要从事协调行业内、外部关系，支持兽医依法执业，加强执业兽医行业自律，完善职业道德建设，规范执业兽医从业行为等工作。

中国畜牧兽医学会主要开展国内外学术交流，促进国内、国际科技合作；同时对国家畜牧兽医科技发展战略、政策和经济建设的重大决策提供科技咨询和技术服务。

中国兽药协会主要从事制定兽药行业行规行约，协助政府完善行业管理，发挥行业监督职能，组织开展对外交流与合作及行业公益事业等工作。

二、兽医队伍能力建设

（一）官方兽医队伍

为了建立健全官方兽医培训网络体系，全面提高官方兽医队伍综合素质，农业部出台了《2010—2014年全国官方兽医培训规划》。2010年举办4期培训班，组织开展全国官方兽医师资培训，共培训各地官方兽医师资人员近600人次。

（二）基层兽医队伍

2010年，农业部印发了《农业部关于加强乡村兽医管理工作的通知》，组织完成乡村兽医登记注册工作。组织编制村级防疫员培训大纲和培训教材，研究制定村级防疫员培训规范，通过实施阳光工程培训项目，全国培训了10万名村级防疫员。制定《2010年基层动物防疫工作补助经费实施方案》、《基层动物防疫工作补助经费管理办法》，落实中央财政基层防疫员工作补助经费6.5亿元。

（三）执业兽医队伍建设

2010年10月24日，全国首次执业兽医资格考试在31个省（区、市）167个考点全面开展，这是中国农业系统组织的第一次全国性执业考试。全国共有7.4万多名考生参加考试，9 743人取得执业兽医师资格，近1.4万人取得执业助理兽医师资格。另外，农业部制定《关于第16届亚运会境外兽医服务人员执业暂行规定》，审核参加亚运会马术比赛的18名赛事兽医和12名随队兽医资格，并颁发临时执业兽医师资格证书。

第二章　兽医法律法规

中国高度重视兽医法律法规建设，形成了以国家法律、国务院条例、部门规章为主要内容的法律体系（表2-1）。

《中华人民共和国动物防疫法》最早于1997年7月3日颁布，1998年1月1日起实施。2007年8月30日，新修订的《中华人民共和国动物防疫法》经第十届全国人民代表大会常务委员会第二十九次会议审议通过，于2008年1月1日起施行。《中华人民共和国

表2-1 兽医法律法规体系表

分类		名称
法律法规	法律	《中华人民共和国动物防疫法》、《中华人民共和国畜牧法》、《中华人民共和国进出境动植物检疫法》、《中华人民共和国农产品质量安全法》
	法规	《重大动物疫情应急条例》、《兽药管理条例》、《病原微生物实验室生物安全管理条例》、《中华人民共和国进出境动植物检疫法实施条例》、《国务院关于加强食品等产品安全监督管理的特别规定》等
部门规章制度	疫情报告	《动物疫情报告管理办法》、《一、二、三类动物疫病病种名录》、《人畜共患传染病名录》等
	兽药管理	《兽用生物制品经营管理办法》、《兽药注册办法》、《兽药产品批准文号管理办法》、《兽药生产质量管理规范》、《兽药进口管理办法》、《新兽药研制管理办法》、《兽药生产质量管理规范检查验收办法》、《兽药GMP检查验收管理办法》、《兽药经营质量管理规范》、《兽药标签和说明书管理办法》、《兽药质量监督抽样规定》等
	应急管理	《农业部门人感染猪流感应急预案（试行）》、《口蹄疫防控应急预案》、《猪感染甲型H1N1流感应急预案（试行）》、《小反刍兽疫防控应急预案》、《马流感防控应急预案》、《农业部门应对人间发生高致病性禽流感疫情应急预案》、《国家突发重大动物疫情应急预案》、《全国高致病性禽流感应急预案》、《进出境重大动物疫情应急处置预案》等
	医政管理	《执业兽医管理办法》、《乡村兽医管理办法》、《动物诊疗机构管理办法》等
	兽医实验室生物安全管理	《动物病原微生物分类名录》、《动物病原微生物菌（毒）种保藏管理办法》、《高致病性动物病原微生物实验室生物安全管理审批办法》等
	监测预警	《国家动物疫情测报体系管理规范（试行）》
	检疫监督管理	《动物检疫管理办法》、《动物防疫条件审查办法》、《畜禽标识和养殖档案管理办法》、《公路动物防疫监督检查站管理办法》、《无规定动物疫病区评估管理办法》、《乳用动物健康标准》等
	动物及其产品出入境管理	《中华人民共和国进境动物一、二类传染病、寄生虫病名录》、《进境动物和动物产品风险分析管理规定》等

动物防疫法》，是国家预防、控制和扑灭动物疫病的基本法律，对动物疫病的预防、动物疫情的报告通报和公布、动物疫病的控制和扑灭、动物和动物产品的检疫、动物诊疗、动物防疫监督管理等内容做了明确规定。根据《中华人民共和国动物防疫法》，国务院制定了重大动物疫情应急管理、病原微生物实验室生物安全管理、兽药管理和进出境动植物检疫管理等条例；农业部制定了疫情报告、兽药管理、应急管理、医政管理、兽医实验室生物安全管理、监测预警、检疫监督管理等配套规章制度；2010年，农业部修订了《动物检疫管理办法》和《动物防疫条件审查办法》，分别于2010年3月1日和5月1日起正式施行。

第三章　动物疫病状况

2009年，全国牛、羊、猪、家禽的年末存栏量分别为10 726.5万头、28 452.2万只、46 996万头、533 031.9万只；牛、羊、猪、家禽的年出栏量分别为4 602.2万头、26 732.9万只、64 538.6万头、1 060 945.0万只。

2010年，全国肉类总产量7 925万吨，比上年增长3.6%。其中，猪肉产量5 070万吨，牛肉产量653万吨，羊肉产量398万吨，禽蛋产量2 765万吨，牛奶产量3 570万吨。

一、高致病性禽流感

2010年，全国未发生家禽高致病性禽流感疫情。

二、口蹄疫

1. O型口蹄疫　2010年，全国共有新疆、广东、山西、江西、甘肃、贵州、宁夏、西藏、青海等9个省（自治区）发生18起O型口蹄疫（缅甸98谱系病毒）疫情（图3-1），发病牲畜3 983头（只），死亡26头（只），扑杀29 193头（只）。

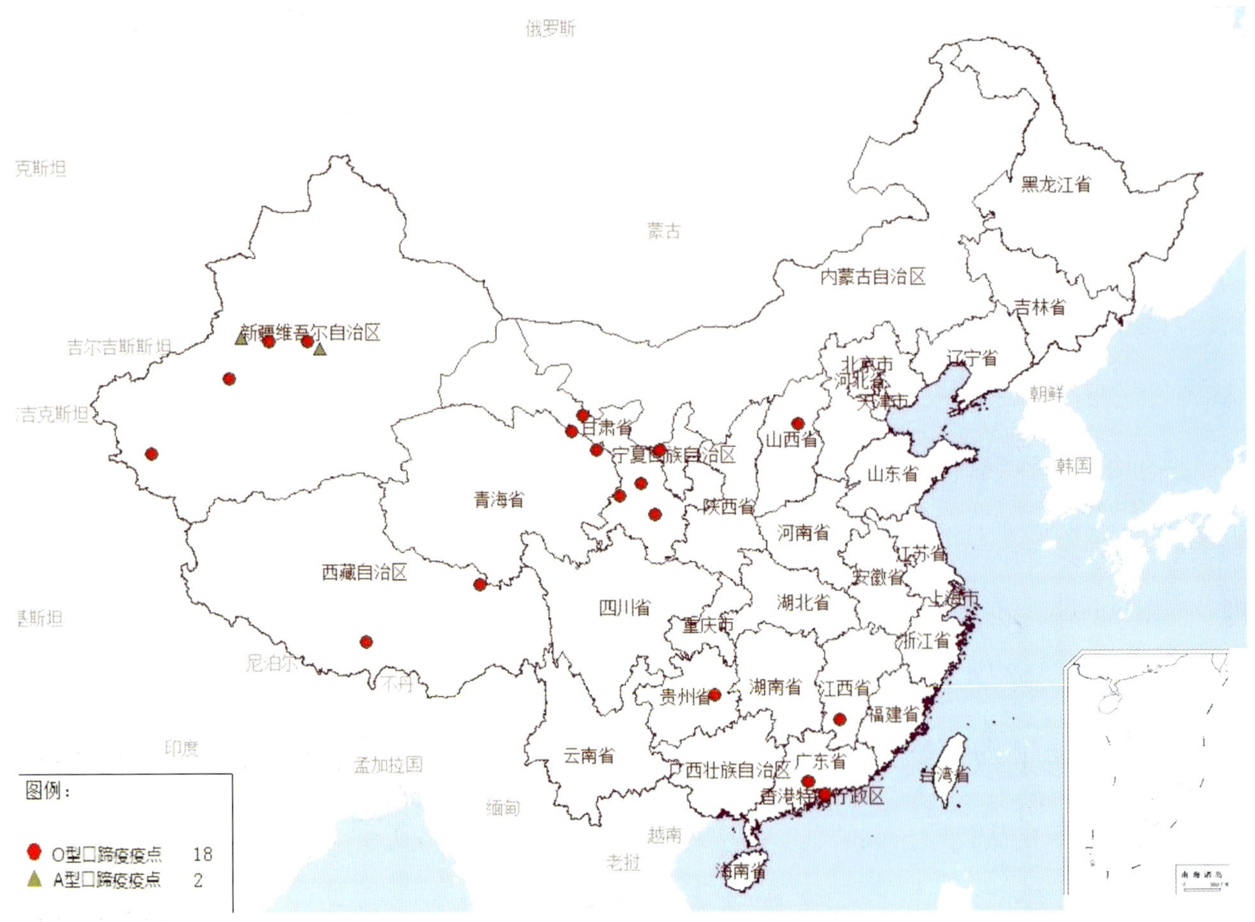

图3-1　2010年中国口蹄疫疫点分布图

2. A型口蹄疫　2010年，新疆发生2起A型口蹄疫疫情，发病牛54头，扑杀206头（只）。

3. 亚洲I型口蹄疫　全国未发生亚洲I型口蹄疫。

三、高致病性猪蓝耳病

2010年，甘肃、河南、湖北3省发生7起高致病性猪蓝耳病疫情，发病猪6 508头，死亡1 733头，扑杀6 799头。

除上述3个省外，其余省（自治区、直辖市）未发生高致病性猪蓝耳病。

四、古典猪瘟

2010年，黑龙江、浙江、安徽、福建、江西、河南、湖北、湖南、广东、广西、贵州、云南、陕西、甘肃、青海、宁夏、新疆等17个省（自治区）发生古典猪瘟疫情，发病猪9 863头，死亡5 285头，扑杀862头。

除上述17个省（自治区）外，其余省（自治区、直辖市）未发生古典猪瘟。

五、新城疫

2010年，天津、黑龙江、浙江、安徽、福建、江西、河南、湖北、湖南、广东、广西、贵州、云南、陕西、宁夏、新疆等16个省（自治区、直辖市）发生新城疫疫情，发病禽164 571只，死亡89 890只，扑杀20 020只。

除上述16个省（自治区、直辖市）外，其余省（自治区、直辖市）未发生新城疫。

六、狂犬病

2010年，河北、内蒙古、浙江、湖北、湖南、广东、广西、重庆、四川、云南、陕西、甘肃等12个省（自治区、直辖市）发生狂犬病，发病犬80只，死亡28只，扑杀490只。

除上述12个省（自治区、直辖市）外，其余省（自治区、直辖市）未发生狂犬病。

七、布鲁氏菌病

2010年，北京、河北、山西、内蒙古、辽宁、吉林、上海、江苏、浙江、福建、江西、河南、湖南、广西、陕西、甘肃、青海、宁夏、新疆等19个省（自治区、直辖市）发生布鲁氏菌病，发病牲畜8 448头（只），死亡106头（只），扑杀4 992头（只）。其中，牛发病数、死亡数和扑杀数分别为6 904头、55头和3 418头；羊发病数、死亡数和扑杀数分别为1 544只、51只和1 574只。

除上述19个省份外，其余省（自治区、直辖市）未发生布鲁氏菌病。

八、中国从未发生或已消灭的重大动物疫病

中国1955年消灭牛瘟，1996年消灭牛肺疫。中国境内从未发生的OIE法定报告动物疫病见表3-1。

表3-1　中国从未发生的OIE法定报告动物疫病

非洲马瘟	裂谷热	新大陆螺旋蝇蛆病
非洲猪瘟	痒病	旧大陆螺旋蝇蛆病
水泡性口炎	心水病	病毒性出血性败血病
猪水泡病	骆驼痘	克里米亚刚果出血热
西尼罗河热	Q热	流行性造血器官坏死病
牛海绵状脑病	黄头病	鲑传染性贫血病
结节性皮肤病	螯虾瘟	流行性溃疡综合征
尼帕病毒性脑炎	球形杆状病毒病	包拉米虫原虫感染
三代虫病	鲍鱼病毒性死亡	海水派琴虫感染
锦鲤疱疹病	折光马尔太虫感染	牡蛎包拉米虫感染
鲍鱼凋萎综合征	奥尔逊派琴虫感染	传染性皮下及造血器官坏死病
多角体杆状病毒病	真鲷虹彩病毒病	

第四章　动物疫病预防与控制

中国贯彻“加强领导，密切配合，依靠科学，依法防治，群防群控，果断处置”的方针，坚持预防为主的防治策略，采取免疫与扑杀相结合的综合防控措施防治动物疫病。

一、重大动物疫病预防与控制

（一）重大动物疫病免疫

2010年1月14日，农业部制定了《2010年国家动物疫病强制免疫计划》，包括高致病性禽流感、口蹄疫、高致病性猪蓝耳病、猪瘟、小反刍兽疫（新疆和西藏地区）等5种动物疫病的国家强制免疫计划，以及新城疫、狂犬病、炭疽、布鲁氏菌病、猪流行性乙型脑炎等5种动物疫病的免疫方案（表4-1）。

对高致病性禽流感、高致病性猪蓝耳病、口蹄疫、猪瘟等4种动物疫病强制免疫的总体要求：群体免疫密度常年维持在90%以上，其中，应免畜禽免疫密度要达到100%，免疫抗体合格率全年保持在70%以上。

2010年，中国共使用高致病性禽流感疫苗136.5亿羽份，口蹄疫疫苗28.1亿毫升，高致病性猪蓝耳病疫苗8.9亿头份，猪瘟疫苗10.9亿头份。全国春、秋两季免疫情况检查结果表明，上述4种重大动物疫病强制免疫密度均达90%以上，抗体合格率均符合国家规定标准。

（二）重大动物疫病监测和流行病学调查

1. 监测　2010年1月6日，农业部印发了《2010年国家动物疫病监测计划》，制定了高致病性禽流感、口蹄疫、高致病性猪

表4-1　2010年重大动物疫病免疫病种和免疫要求

免疫病种	免疫要求
高致病性禽流感	对所有应免鸡、水禽（鸭、鹅）和人工饲养的鹌鹑、鸽子等禽只进行高致病性禽流感强制免疫。对进口国有要求且防疫条件好的出口企业，以及提供研究和疫苗生产用途的家禽，报经省级兽医行政管理部门批准后，可以不实施免疫
口蹄疫	对所有应免猪进行O型口蹄疫强制免疫；对所有应免牛、羊、骆驼、鹿进行O型和亚洲I型口蹄疫强制免疫；对所有应免奶牛和种公牛进行A型口蹄疫强制免疫；对广西、云南、西藏、新疆和新疆生产建设兵团边境地区的应免牛、羊进行A型口蹄疫强制免疫
高致病性猪蓝耳病	对所有应免猪进行高致病性猪蓝耳病强制免疫
猪瘟	对所有应免猪进行猪瘟强制免疫
小反刍兽疫	根据风险评估结果，对西藏自治区等受威胁地区羊进行小反刍兽疫强制免疫
新城疫	对所有应免鸡进行新城疫全面免疫
狂犬病	对所有应免犬实施全面免疫，重点做好城镇、高发地区犬的免疫工作
布鲁氏菌病	报经兽医局批准后，在疫病流行区和受威胁区，对易感家畜进行免疫，奶牛和种公牛不进行免疫
炭疽	对3年内曾发生过疫情的乡镇易感牲畜进行免疫
猪乙型脑炎	对疫病流行地区的猪等易感动物进行免疫

蓝耳病、猪瘟、猪甲型H1N1流感、鸡新城疫、布鲁氏菌病、牛结核病、血吸虫病和狂犬病等10种国内动物疫病监测计划，以及牛海绵状脑病等7种外来动物疫病监测计划。按照国家监测与地方监测相结合、集中监测与日常监测相结合、监测工作和免疫工作相结合、监测工作和应急处置相结合的原则，开展主要动物疫病的监测工作，监测结果实行月报、季报、半年报和年报制度，并在《兽医公报》上公布（表4-2）。

表4-2　2010年重大动物疫病监测病种及要求

监测病种	监测范围	监测时间	检测方法
高致病性禽流感	①鸡、鸭、鹅和其他家禽及野生禽鸟，貂、貉、虎等人工饲养的野生动物以及高风险区域内的猪 ②重点对种禽场、商品禽场、活禽市场、水网密集区、候鸟密集活动区和重点边境地区家禽进行监测	①月度常规监测，由各地根据实际情况安排 ②春、秋季节各进行一次集中重点监测，分别在6月底前和12月底前完成 ③如发现可疑病例，随时采样，及时检测	①血清学检测，采用血凝抑制试验 ②病原学检测，采用RT-PCR或荧光RT-PCR检测方法
口蹄疫	猪、牛、羊。重点对种畜场、规模饲养场、屠宰场、交易市场、发生过疫情地区以及边境地区的家畜进行监测	①月度常规监测，由各地根据实际情况安排 ②春、秋季节各进行一次集中重点监测，分别在6月底前和12月底前完成 ③发现可疑病例，随时采样，及时检测	①血清学检测，O型口蹄疫使用正向间接血凝试验、液相阻断ELISA或者采用VP1结构蛋白ELISA进行检测，亚洲Ⅰ型和A型口蹄疫使用液相阻断ELISA进行检测 ②病原学检测，食道—咽部分泌物（O-P液）用RT-PCR方法检测，牛羊口蹄疫非结构蛋白抗体ELISA方法检测阳性的，采集O-P液用RT-PCR方法检测；猪颌下淋巴结用RT-PCR方法进行检测
高致病性猪蓝耳病	猪。重点对种猪场、中小规模饲养场、交易市场和发生过疫情地区的猪进行监测	①月度常规监测，由各地根据实际情况安排 ②春、秋季节各进行一次集中重点监测，分别在6月底前和12月底前完成 ③发现可疑病例，随时采样，及时检测	①血清学检测，使用ELISA方法 ②病原学检测，使用RT-PCR或荧光RT-PCR检测方法

（续）

监测病种	监测范围	监测时间	检测方法
猪瘟	猪。重点对种猪场、中小规模饲养场、交易市场和发生过疫情地区的猪进行监测	①月度常规监测，由各地根据实际情况安排 ②春、秋季节各进行一次集中重点监测，分别在6月底前和12月底前完成 ③发现可疑病例，随时采样，及时检测	①血清学检测，使用正向间接血凝试验或抗体阻断ELISA方法 ②病原学检测，使用荧光免疫抗体方法、RT-PCR或荧光PCR方法或ELISA方法
猪甲型H1N1流感	猪。重点对种猪场、规模饲养场和屠宰场的猪进行监测	①1～3月和10～12月，每月对固定监测点进行一次监测（北方地区可根据具体情况进行调整） ②发现可疑病例，随时采样，及时检测	RT-PCR方法
新城疫	鸡、火鸡、鹌鹑等。重点对种禽场、商品禽场、活禽市场的家禽进行监测	①月度常规监测由各地根据实际情况安排 ②春秋季节各进行一次集中重点监测，分别在6月底前和12月底前完成 ③发现可疑病例，随时采样，及时检测	①血清学检测，使用血凝抑制试验 ②病原学检测，使用RT-PCR方法
布鲁氏菌病	①所有乳用牛羊及种用牛羊（包括犊牛、羔羊） ②各地应根据实际情况，对其他易感动物进行抽检	①每年进行一次集中监测，具体时间和数量由各地根据实际情况安排 ②发现可疑病例，随时采样，及时检测	筛选检测用琥红平板凝集试验；阳性样品用试管凝集反应或补体结合试验进行复核
牛结核病	所有乳用牛（包括奶水牛）以及种畜场牛	①每年至少进行一次集中监测，具体时间和数量由各地根据实际情况安排 ②发现可疑病例，随时采样，及时检测	使用牛提纯结核菌素皮内变态反应检测

（续）

监测病种	监测范围	监测时间	检测方法
血吸虫病	湖南、湖北、江西、安徽、江苏、云南、四川等7个疫区省（自治区）的110个重疫区县按规定数量进行抽检，非重疫区县和其他省份根据实际情况进行抽检。8个疫情观测点须对辖区内所有的牛进行监测	4～5月、9～10月各监测一次	用间接血凝方法或Dot-ELISA方法检测，结果为阳性的，用粪检法复检，仍为阳性的确诊为阳性畜
狂犬病	狂犬病高风险区域的犬、猫，重点对死亡、疑似发病及动物门诊的犬、猫进行采样检测	①病原监测，全年开展日常监测，春、夏季节安排一次集中监测 ②免疫监测，在开展犬、猫狂犬病免疫工作一个月后进行免疫抗体监测，每年开展一次集中监测	①血清学检测，使用ELISA方法 ②病原学检测，采用直接免疫荧光试验或RT-PCR方法对脑组织进行检测

2010年，全国共检测禽流感样品 513万份，检出病原学阳性样品126 份；口蹄疫样品 298万份，检出病原学阳性样品41份；对病原学阳性畜禽，均按规定及时进行了处置。其中，松辽平原、辽东半岛、胶东半岛、四川盆地和海南岛等5个无规定动物疫病区示范区检测禽流感样品227.5万份和口蹄疫样品104.3万份，结果均为阴性。

2. 流行病学调查 2010年1月6日，农业部印发了《2010年全国高致病性禽流感和口蹄疫等主要动物疫病流行病学调查方案》，制定了紧急流行病学调查、定点流行病学调查和专项流行病学调查等三个工作方案。在全国12个省的36个定点县开展了禽流感、新城疫和J亚型白血病等禽群疫病定点抽样调查；在10个省的10个省会城市、10个地级市和10个县级市开展了猪瘟、猪流感等猪群疫病抽样调查；在16个省的48个定点县开展了动物布鲁氏菌病和结核病抽样调查，对血吸虫病传统疫区进行了流行病学调查监测。结合动物疫病血清学和病原学监测结果，预测疫情发展趋势，评估疫病防控效果，提高防控工作针对性。同时，开展疫苗临床应用效果、高致病性禽流感防控成本、牛支原体肺炎风险因素以及家畜棘球蚴病、牦牛布鲁氏菌病和狂犬病流行病学等专项调查。

二、应急处置

根据《重大动物疫情应急条例》和《国家突发重大动物疫情应急预案》要求，加强应急培训和演练，及时、稳妥地处置了各种突发动物卫生事件。

（一）动物疫病防控应急体系建设

中国建立健全了各级应急管理体系，制定了相应的应急预案和行动方案。农业部负责组织、协调全国突发重大动物疫情应急处置工作；县级以上地方人民政府兽医行政主管部门，在本级人民政府的统一领导下，负责组织、协调本行政区域内突发重大动物疫情应急处理工作（图4-1）。

从2004年以来，国家先后制定了《全国高致病性禽流感防控应急预案》等应急预案（表4-3）；2010年，又新制定了《口蹄疫防控应急预案》。同时，省、市、县三级也分别制定了本行政区域重大动物疫病应急预案。

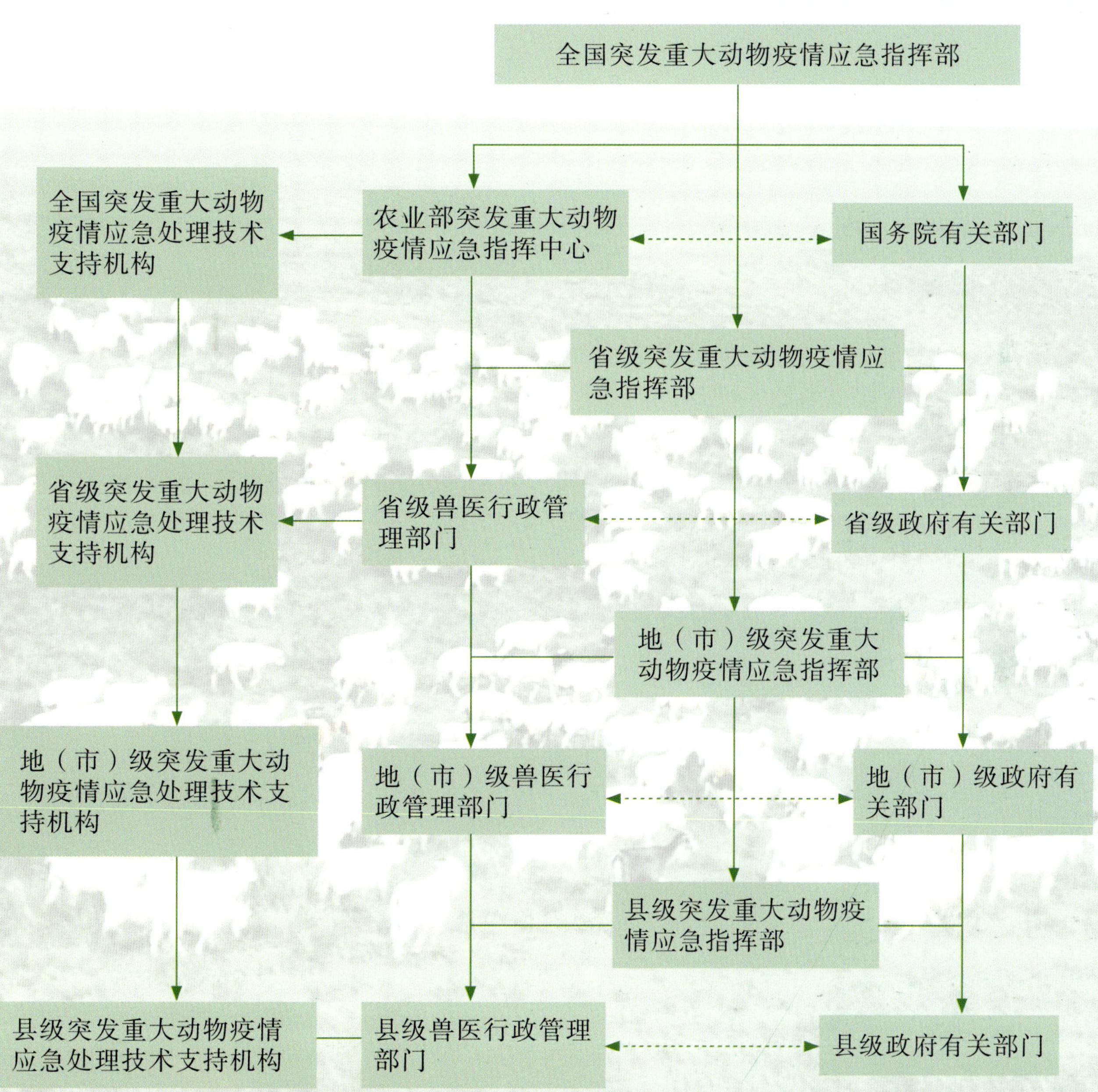

图4-1 突发重大动物疫情应急组织体系框架图

表4-3　2004年以来中国制修定或发布的动物卫生方面的应急法规和国家级应急预案

应急法规和预案	制定或发布时间	制定或发布机构
中华人民共和国动物防疫法	2007年8月	国务院
重大动物疫情应急条例	2005年11月	国务院
国家突发重大动物疫情应急预案	2006年2月	国务院
全国高致病性禽流感防控应急预案	2004年2月	国务院
农业部门应对人间发生高致病性禽流感疫情应急预案	2005年11月	农业部
小反刍兽疫防控应急预案	2007年8月	农业部
马流感防控应急预案	2008年4月	农业部
农业部门人感染猪流感应急预案(试行)	2009年4月	农业部
猪感染甲型H1N1流感应急预案（试行）	2009年5月	农业部
口蹄疫防控应急预案	2010年3月	农业部
进出境重大动物疫情应急处置预案	2005年6月	质检总局

（二）应急物资储备

中国各级政府不断强化应急物资储备，实施省、市、县三级应急物资储备制度，有计划地储备疫苗、消毒器械及药品、防护用品、无害化处理设备等应急物资，并定期更新。

（三）应急演练

2010年9月，农业部在湖北省恩施市组织实施了国家突发重大动物疫情应急演练，全国31个省（自治区、直辖市）的兽医行政管理部门、动物疫病预防控制机构和动物卫生监督机构的负责人现场观摩。各级地方及时开展了应急演练，主要针对疫情报告、诊断、应急响应、疫情处置、善后处理等环节进行模拟演练，提高了突发重大动物疫情应急管理水平和应急处置能力，提升了应急队伍扑灭疫情的实战能力。

（四）应急处置情况

农业部通过完善疫情报告网络，严格执行疫情举报核查制度，健全应急防控机制，全面提高了应急处置能力。

2010年，全国共应急处置口蹄疫疫情20起；在青海玉树地震、甘肃舟曲特大泥石流以及部分省份洪涝灾害等重大自然灾害发生后，及时组成应急处置工作组，全面评估动物疫情风险，采取积极应对措施，有效防止灾后动物疫情发生。

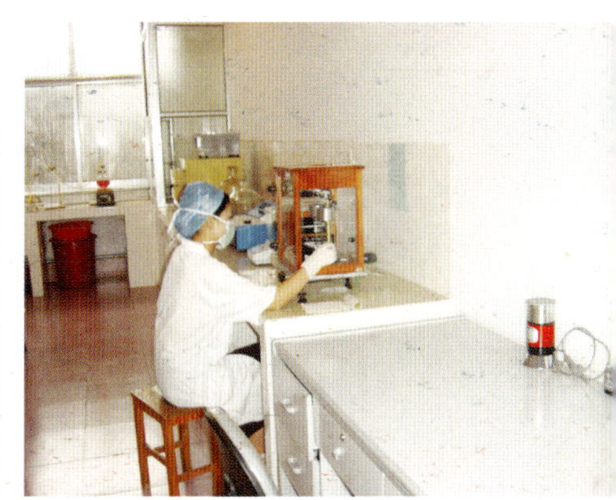

三、外来动物疫病防范

2010年，中国进一步加大外来动物疫病防控工作力度。7月7日，针对周边国家和地区动物疫情严峻形势，农业部在新疆乌鲁木齐市组织召开全国边境省份动物疫病防控工作座谈会，对边境地区动物疫病防控进行了系统、全面的部署。通过采取强化外来动物疫病风险管理、疫病监测等一系列防控措施，有效防堵了境外疫情传入。

（一）外来动物疫病传入风险管理

在全国开展牛海绵状脑病、非洲猪瘟、外来血清型口蹄疫、尼帕病毒病、西尼罗河热、裂谷热、水泡性口炎、羊痒病和猪水泡病等重要外来动物疫病传入风险因素调查，组织开展风险状况评估。制定风险管理方案，制定国家外来动物疫病防控技术规范，举办12期外来动物疫病防控技术培训班，培训700余人次。2010年全年共派出10余个督查组、近50人次，对新疆、云南等7个省份开展动物疫病边境防控检查。

（二）外来动物疫病监测

2010年，中国继续实施牛海绵状脑病、牛传染性胸膜肺炎、牛瘟、小反刍兽疫、痒病等外来动物疫病监测计划，全年共检测牛海绵状脑病样品7 756头份；检测牛瘟样品2 352份、牛传染性胸膜肺炎样品1.3万余份、小反刍兽疫样品9 000余头份、痒病样品3 868头份。2010年，将非洲猪瘟、蓝舌病（欧洲8型）等外来动物疫病纳入国家监测计划，全年共检测样品2.9万份。监测结果表明，在我国未发现以上外来动物疫病。

四、国家中长期动物疫病防治战略研究

2009年以来，农业部启动了国家中长期动物疫病防治战略规划研究。2010年，农业部组织兽医行政管理部门、技术支撑机构以及科研单位等各方面专家，分5部分23个子课题，就影响我国动物疫病防控工作的深层次问题和关系全局的重大战略问题进行了深入分析，研究了未来10年的发展目标、发展战略和技术措施，起草了《未来10年动物防疫策略研究报告》。

五、兽医实验室管理

农业部印发了《兽医实验室考核工作实施方案》、《关于加快推进地市级、县级兽医实验室考核的通知》等文件，组建了兽医实验室考核专家队伍，举办兽医实验室专家考核培训班，全面开展兽医实验室考核。2010年，重庆、辽宁、河南、北京、福建、黑龙江、上海、安徽、湖北、天津、山东等11个省级兽医实验室通过了农业部考核，各市、县级兽医实验室考核也在全面推开。

农业部修改完善了《实验室

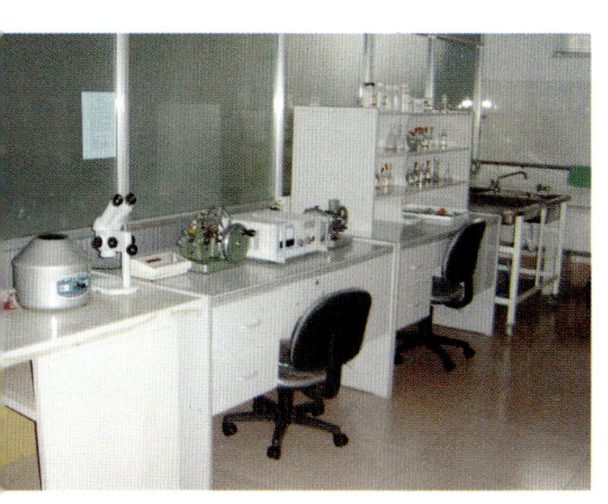

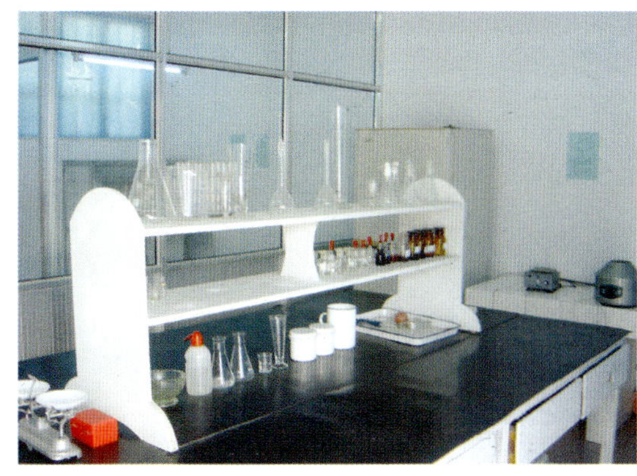

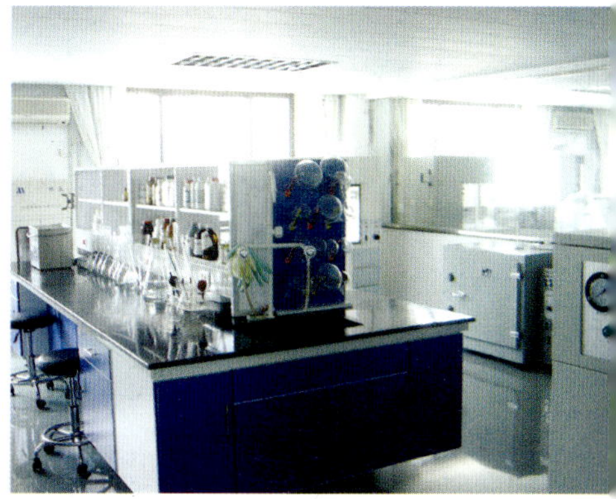

生物安全行政审批办事指南》，严格高致病性动物病原微生物实验室生物安全审批。建立实验活动定期报告制度，加强对哈尔滨兽医研究所、兰州兽医研究所等7家实验室实验活动监管；组织检查组赴上海、浙江等地开展兽医实验室生物安全状况抽查。加强上海世博会和广州亚运会期间兽医实验室生物安全监管，举办民航运输动物病原微生物和全国兽医实验室生物安全与质量管理培训班，培训各省兽医实验室负责人和工作人员近200人。

第五章　动物产品安全监管

中国不断加强动物卫生监督管理和兽药残留监控工作，继续推进动物标识及疫病可追溯体系建设，加快推进动物疫病区域化管理工作，动物产品质量安全监管水平显著提高，动物标识及疫病可追溯体系逐步完善，广州无规定马属动物疫病区获得了国际认可。

一、动物卫生监督

（一）动物及动物产品检疫

中国动物检疫主要包括动物的产地检疫和屠宰检疫等。动物卫生监督机构依法对动物、动物产品实施检疫。动物卫生监督机构指派官方兽医对动物、动物产品实施现场检疫，出具检疫证明，加施检疫标志，并监督货主对检疫不合格的动物、动物产品进行无害化处理。

2010年，农业部先后举办了“《动物检疫管理办法》和《动物防疫条件审查办法》”、“动物检疫规程”、“2010年全国动物卫生监督信息汇总暨新软件应用”等培训班，提高了动物卫生监督执法人员的整体素质和办案能力，推进了动物检疫工作的顺利开展。

2010年，全国畜禽产地检疫村级开展面达到93%以上，产地检疫畜禽77.9亿头（只），开展

面达98.75%；屠宰检疫畜禽47.5亿头（只）。饲养、屠宰、交易和运输环节中发现的病害动物及其产品，均按国家有关规定进行了无害化处理。

2010年，在上海世博会和广州亚运会期间，制定了动物卫生监管工作方案，对供世博会、亚运会养殖基地、屠宰加工企业实行备案登记管理，实施养殖基地、屠宰加工企业、冷库、运输和仓储等环节全程监管。

（二）防疫条件审查

对动物饲养场（养殖小区）、隔离场所、动物屠宰加工场所、动物及动物产品无害化处理场所的动物防疫条件进行审查和监管，将动物饲养、经营和动物产品的生产、经营活动纳入动物卫生管理的范畴。

（三）畜禽交易市场监督管理

各级动物卫生监督机构强

化对动物及动物产品交易市场的监督检查，建立健全交易市场防疫制度，严格实行日常清洗消毒制度、定期休市和无害化处理等制度，规范动物交易行为，及时消除疫情隐患。2010年，全国对6.31万个交易市场实施了监督管理；监督检查大中动物2.6亿头（只），禽类22.99亿只，检查动物产品613.39万吨。

（四）无害化处理

对病死动物及动物产品采用深埋、化制、高温和化学等处理方式进行无害化处理。2010年，全国共无害化处理猪79.41万头、牛3.43万头、羊4.82万只、禽类1 183.52万只、马属动物380匹、其他动物111.32万头（只）。

二、畜禽产品残留控制

按照国家《动物及动物性产品兽药残留监控计划》要求，对牛、羊、猪、鸡、蜂等5类动物相关产品中的17种兽药残留情况进行抽样监测（表5-1），全年共完成兽药残留检测11 418批，抽检合格率为99.87%，兽药残留合格率进一步提高。

扎实推进生鲜乳抗生素残留专项整治行动，加强兽药使用环节监管，积极开展安全用药宣传和指导，监督指导养殖企业和

表5-1 2010年畜禽产品中兽药残留监控内容

动物	检测组织	残留检测药物
鸡	鸡蛋	氟喹诺酮类
	鸡肝	磺胺类、氯霉素、地美硝唑/甲硝唑、氟喹诺酮类
	鸡肉	四环素类、氯霉素、硝基呋喃类代谢物、泰乐菌素、磺胺类、氯羟吡啶
牛	牛肉	阿维菌素类
	牛奶	磺胺类、链霉素、青霉素类、四环素类
羊	羊肉	氯霉素、磺胺类
猪	猪肝	卡巴氧残留标示物、克伦特罗、β-受体激动剂
	猪尿	克伦特罗、β-受体激动剂
	猪肉	磺胺类、四环素类、地美硝唑/甲硝唑、喹乙醇残留标示物、氟喹诺酮类、硝基呋喃类代谢物
蜜蜂	蜂蜜	氯霉素、硝基咪唑类、四环素族抗生素、磺胺类

农户建立用药记录制度，完善兽药使用档案，严格执行休药期规定，有效控制兽药残留危害。建立了残留检测标准信息数据库，修订了动物性食品中199个品种兽药最高残留限量（MRLs）标准和10项兽药残留检测方法标准，评审兽药残留检测试剂盒38个。

2010年，农业部继续实施《动物源细菌耐药性监测计划》，完善相关技术标准规范和工作机制。积极组织开展兽药耐药性调查、监测和耐药机理研究，制定细菌分离鉴定和耐药性检测质量标准。全年共检测样品1 197份，分离大肠杆菌等致病菌株793个。

三、标识追溯

2010年1月，农业部出台《关于加快推进动物标识及疫病可追溯体系建设工作的意见》，继续推进实施二维码标识管理制度，健全畜禽标识信息数据库，初步实现了从动物饲养、运输、屠宰等各环节标识和信息数据的查询和可追溯管理。2010年，全国共举办追溯体系建设培训班100余期，培训技术人员1万余人；全国累计注册标识使用单位40 523个，订购牲畜耳标33亿枚，配备移动智能识读器13万台，溯源IC卡26.4万张，各地向中央数据库传输溯源数据2 901.5万次，涉及牲畜4.33亿头，溯源体系网络已覆盖全国，动物标识及疫病可追溯体系初步建立。

四、区域化管理

2010年，农业部发布了《关于加快推进动物疫病区域化管理工作的意见》和《肉禽无规定动物疫病生物安全隔离区现场评审表》等，完善了无规定动物疫病区的相关技术规范和标准，推进无规定动物疫病区和生物安全隔离区建设管理和评估。

2010年，全国动物卫生风险评估专家委员会组织有关专家，对海南省免疫无口蹄疫区进行了监督检查和抽样监测，结果表明，海南省在2010年有效维持了免疫无口蹄疫状况。2010年，广州亚运无规定马属动物疫病区先后通过了欧盟、日本和韩国的评估认可，保障了亚运会马术比赛的顺利进行。辽宁、吉林、山东、四川和重庆等省份积极推进无规定动物疫病区建设。

第六章　兽药生产与监管

中国兽药法律法规、技术标准和规范基本完善，监管体系进一步健全，兽药生产全面实现GMP管理，门类齐全、品种多样、产业链完整的兽药行业已经形成。

一、兽药生产

截至2010年年底，全国共有1 715家兽药生产企业，主要分布在山东、河南、河北、江苏、四川等畜牧业大省。兽药产业产值约250亿元，从业人员超过12万。兽药生产企业仍以中小型企业为主，年产值在亿元以上的企业仅占企业总数的5%左右。

国内现有兽用生物制品生产企业82家，生产的兽用生物制品以家畜和家禽的活疫苗和灭活疫苗为主。其中，活疫苗生产能力约1 400亿羽（头）份，灭活疫苗生产能力约380亿毫升。兽用化学药品主要有抗微生物药、抗寄生虫药、消毒药和解热镇痛抗炎药，剂型主要以粉剂、预混剂、注射液、注射用无菌粉针剂和消毒药（固体）为主。

二、兽药监管

2010年，农业部继续加强重大动物疫病疫苗质量监管、兽药GMP复查验收、兽药质量监督抽检和兽药市场专项整治等重点工作，全面实施《兽药经营质量管理规范》（GSP），进一步规范兽药经营市场秩序。

（一）重大动物疫病疫苗质量监管

2010年，农业部通过驻厂监督、飞行检查和监督抽检等方式，继续加强对高致病性禽流感、高致病性猪蓝耳病、口蹄疫和猪瘟等重大动物疫病疫苗生产

企业的监管，保证了重大动物疫病疫苗的质量和有效供给。全年共派出13个工作组、26人次，对13家企业实施驻厂监督；派出22个检查组、44人次，对17家企业进行飞行检查；共监督抽检疫苗121批，合格率为99.2%。组织召开全国重大动物疫病疫苗质量监管座谈会，对9家拟生产高致病性猪蓝耳病活疫苗的企业进行现场核查。

（二）兽药GMP管理

2010年，农业部实施新的兽药GMP检查验收管理办法和检查验收评定标准，加强GMP检查员队伍建设。通过对兽药生产企业的机构与人员、厂房与设施、设备和材料等关键环节的评定，开展兽药GMP检查验收。全年共审查GMP检查验收申请资料544份，派出238个检查组，对549家企业进行了现场检查验收。

（三）兽药质量监督抽检

2010年，农业部继续实施兽药质量监督抽检计划，除继续实行评价抽检、监测抽检和跟踪抽检外，还建立了定向抽检制度，由中国兽医药品监察所和各省级兽药监察所承担抽检工作。抽样程序严格执行《兽药监督抽样规定》，抽检产品来源于兽药的生产、经营和使用各环节。全国共完成兽药抽检12 552批，合格率为91.1%。

（四）实施兽药GSP

2010年，农业部颁布了《兽药经营质量管理规范》（GSP），对采购、储存和销售等兽药经营环节进行全过程质量控制。各省均出台了兽药GSP实施细则，建立了兽药GSP检查员队伍，5 000多家兽药经营企业达到GSP要求。同时，建立了市场环节的案件举报和查处机制。

三、兽药标准体系建设

2010年，农业部完成了《中国兽药典》（第四版）及配套丛书《兽药使用指南》的编纂。《中国兽药典》共收载1 834个标准、3个凡例、252个附录，《兽药使用指南》收载1 508个兽药品种。

第七章 国际合作与交流

2010年，中国继续大力加强兽医领域双边、多边合作，对有关周边国家进行物资和技术援助。

一、与国际组织的交流合作

（一）与OIE的交流合作

履行OIE成员义务，参与相关活动。参加OIE第78届国际大会和OIE第一届全球兽医立法大会；参与OIE动物卫生标准制修订以及成员间的动物卫生措施评议。

2010年3月，中国正式加入OIE东南亚口蹄疫控制行动（SEAFMD）计划，在SEAFMD第16届会议上，与OIE协商将项目名称变更为东南亚和中国口蹄疫控制计划（SEACFMD），并成立东南亚和中国口蹄疫控制计划指导委员会。该计划已原则通过了将于2020年在亚洲消灭口蹄疫的路线图。

组织推荐中国农业科学院兰州兽医研究所国家口蹄疫参考实验室、中国农业科学院哈尔滨兽医研究所马传染性贫血实验室、中国水产科学研究院黄海水产研究所对虾白斑病实验室和传染性皮下与造血组织坏死症实验室、深圳出入境检验检疫局鲤春病毒血症实验室等五家兽医实验室申请OIE参考实验室。

2010年11月，邀请OIE专家来华实地考察中国牛传染性胸膜肺炎控制和消灭情况，OIE专家赴黑龙江和四川两省进行了实地考察，查阅了相关文献档案，现场走访了养殖场、屠宰场、实验室、兽医管理机构等，初步认为中国满足了OIE无CBPP条件。

（二）与FAO的交流合作

继续组织实施FAO“提高高致病性禽流感监测和反应能力紧急技术援助”项目，开展禽流感等重大动物疫病防控技术研究和实验室能力建设等活动。

与FAO联合实施“中国兽医现场流行病学项目”。2010年11月，在北京正式启动了第一期培训，邀请伦敦大学皇家兽医学院、法国农业发展署和澳大利亚昆士兰大学等机构专家，就疫情暴发调查、采样实践、风险评估、地理信息系统和动物卫生管理等内容，进行理论和实践培训。

组织相关实验室技术人员，完成“全球牛瘟消灭计划（GREP）”关于现存牛瘟生物制品情况的问卷调查，向OIE提交我国处置牛瘟生物材料立场的报告，按照FAO规定完成最后一次牛瘟血清学检测，参与FAO消灭牛瘟计划的后续工作。

（三）与WB的交流合作

实施世界银行资助禽/人流感信托基金二期项目，在辽宁和安徽两省加强高致病性禽流感防控和人流感大流行预防能力培训。参加由WB和亚洲发展银行资助、FAO组织的“大湄公河次区域跨境动物疫病防控与减贫”项目，制定该项目的计划，参与指导委员会的日常工作。

二、与有关国家和地区的合作

（一）中美合作

中国动物卫生与流行病学中心和美国农业部流行病学与动物卫生中心在OIE框架下的“结对”项目正式启动。2010年12月，邀请美国农业部兽用生物制品中心专家来华进行技术交流。

（二）中法合作

2010年11月，中国兽医药品监察所和法国食品安全署兽药中心在巴黎签署了技术合作备忘录，双方将在兽药评审、监控、检测、兽药风险评估和使用等方面进一步加强交流与合作。

（三）中英合作

农业部与英国驻华使馆及

英国贸易投资总署联合召开中英动物卫生研讨会，交流高致病性禽流感、非洲猪瘟等研究进展情况，探讨今后的合作方向。

（四）中国—部分独联体国家合作

2010年7月，召开中国—部分独联体国家动物疫病防控研讨会，交流防控经验，探讨深化动物疫病防控区域合作机制。

三、对外援助

农业部组织向老挝提供高致病性猪蓝耳病防控的技术支持和诊断试剂、疫苗等物资援助，积极推动跨境动物疫病联防联控机制建设。

农业部向越南、老挝和缅甸3个国家的边境动物疫病诊断实验室提供设备、诊断试剂和高级技术人员培训支持，帮助其提高边境动物疫病实验室诊断能力。

第八章　兽医科研

中国兽医科研体系日益完善，建成了由国家级兽医科研院所和各级兽医科研机构、高等院校组成的兽医科学研究体系。

一、兽医科研体系

中国兽医科研体系主要包括：中国动物疫病预防控制中心、中国动物卫生与流行病学中心、中国兽医药品监察所等3个农业部直属单位；中国农业科学院哈尔滨兽医研究所、兰州兽医研究所、兰州畜牧与兽药研究所、上海兽医研究所、北京畜牧兽医研究所、吉林特产研究所和长春兽医研究所等7个国家级兽医专业科研机构；省级农业科学院以及国家和省级高等院校兽医实验室等。

中国现有1个兽医生物技术国家重点实验室，1个家畜疫病病原生物学国家重点实验室以及畜禽病毒学、预防兽医学、家畜寄生虫病和动物流感等8个农业部重点开放实验室，此外还拥有国家流感参考实验室、国家口蹄疫参考实验室和国家牛海绵状脑病参考实验室等3个国家兽医参考实验室和1个OIE禽流感参考实验室。

二、兽医科研项目

2010年，国家科技支撑计划、863计划、973计划、科技基础平台计划中兽医科研投入比重继续增加。农业部加快实施重大动物疫病防控科技工程及现代农业产业技术体系建设项目。兽医科研项目内容涵盖口蹄疫、猪瘟、猪链球菌、牛结核、布氏杆菌病、狂犬病、小反刍兽疫、结节性皮肤病、尼帕病、非洲猪瘟、多种寄生虫病等疫病诊断和预防技术研究。

农业部组织开展农业行业科技专项研究，包括非洲猪瘟等重要外来动物疫病综合防控技术研

究、动物卫生风险分析关键技术与应用研究、家畜生产运输中环境应激响应及调控技术研究、水禽主要疫病快速诊断与疫苗研制等。

三、兽医科研成果

2010年，兽医科研继续深化动物病原学、免疫学和致病机理等基础研究，研发新型疫苗、诊断试剂和检测方法，开展疫病综合防控措施研究，取得一批新成果，其中“猪繁殖与呼吸综合征防制技术及应用”获国家科技进步二等奖。

农业部核发新兽药证书53个，其中：20个为新疫苗，包括7个H9亚型禽流感灭活疫苗、1个口蹄疫O、A和亚洲I型三价灭活苗等；6个为新诊断试剂，包括禽流感病毒检测试纸条、鹦鹉热衣原体抗体胶体金检测试纸条、猪伪狂犬病病毒gE蛋白ELISA抗体检测试剂盒和猪胸膜肺炎放线杆菌ApxIV-ELISA抗体检测试剂盒等；27个新兽药；发布15项牛奶中抗生素残留检测方法标准；报批5项动物防疫国家标准、3项动物防疫行业标准和2项兽药残留工作管理行业标准；协调发布15项兽药残留检测方法国家标准。

附件一

2010年颁布或实施的动物卫生政策法规

2010年，我国颁布或实施的动物卫生法律法规、技术规范及制定的方案等如下。

一、部门规章

《动物检疫管理办法》——2010年1月4日经农业部第一次常务会议审议通过，自2010年3月1日起施行。2002年5月24日农业部发布的《动物检疫管理办法》（农业部令第14号）同时废止。

《兽药经营质量管理规范》——2010年1月4日经农业部第一次常务会议审议通过，自2010年3月1日起施行。

《动物防疫条件审查办法》——2010年1月4日经农业部第一次常务会议审议通过，自2010年5月1日起施行。2002年5月24日农业部发布的《动物防疫条件审核管理办法》（农业部令第15号）同时废止。

《兽药生产质量管理规范检查验收办法》——2010年7月23日农业部公布（农业部公告第1427号），自2010年9月1日起施行。

《兽药GMP检查验收评定标准》——2010年8月5日农业部印发（农办医[2010]72号），自2010年10月1日起施行，原《兽药GMP检查验收评定标准》（农办医[2006]6号）届时废止。

二、方案及其他

《2010年国家动物疫病强制免疫计划》

《2010 年国家动物疫病监测计划》

《2010年全国高致病性禽流感和口蹄疫等主要动物疫病流行病学调查方案》

《2010年度动物及动物产品兽药残留监控计划》

《2010年口蹄疫防控应急预案》

《2010—2014年全国官方兽医培训规划》

《生猪产地检疫规程》

《生猪屠宰检疫规程》

《奶牛乳房炎防治技术指南(试行)》

《跨省调运种禽产地检疫规程》

《跨省调运乳用种用动物产地检疫规程》

《关于加快推进动物疫病区域化管理工作的意见》

《畜禽标识质量检验办法》

《执业兽医资格考试突发事件应急预案（试行）》

《执业兽医资格考试保密管理规定（试行）》

《执业兽医资格考试巡视工作管理规定（试行）》

《2010年牛海绵状脑病风险因素调查方案》

附件二

中国主要的动物卫生相关网站

中华人民共和国农业部http://www.moa.gov.cn/

中国兽医网http://www.cadc.gov.cn/

中国动物卫生监督网http://www.cahi.gov.cn/

中国兽药信息网http://www.ivdc.gov.cn/

中国动物卫生与流行病学中心http://www.cahec.cn/

中国GMP兽药网http://www.chinagmp.cn/

中国执业兽医网http://www.zgzysy.com/

中国畜牧业信息网http://www.caaa.cn/

中国牧业网http://www.china-ah.com/

中国动物防疫标准网http://std.epizoo.org/

中国农业科学院哈尔滨兽医研究所http://www.hvri.ac.cn/

中国农业科学院兰州兽医研究所http://www.chvst.com/

中国农业科学院上海兽医研究所http://www.shvri.ac.cn/

中国农业科学院北京畜牧兽医研究所http://www.iascaas.net.cn/

中国兽医协会http://www.cvma.org.cn/

中国动物保健品协会http://www.cahpa.org.cn/

中国畜牧兽医学会http://www.caav.org.cn/